きみちゃんの湖

多田陽一

書肆　子午線

カバー絵＝ただあやの
装幀＝田代しんぺい

序詩

腕時計を見つめ
カウントするわたしの手の下で
接続チューブを流れていく液体
若いいのちに組みこまれた
滴下(てきか)のひびきが
きみの鼓動にとけていく

きみは耳を澄ましている
地球のまわる音が鳴っている
日差しや風にもなる友たちの
他愛もない話や打ちあけ話が聞こえている
きみは俊敏な野生馬のように
自由の利かないからだの
静謐な血の広がりをかけめぐる
かれらの笑顔や暗い表情の
つらなる意味の数々に

気管切開の
人工鼻からもれてくる
かすかな吐息を投げかける
きみの眼差しは
すばやくその色あいを変え
きみの裡にあることばを照らしだす

滴下のスピードを調節するわたしの
たどたどしい手の動きを見まもって
きみは声にはならないことばで
微笑みかけてくる
この一瞬を生きぬく
静かな微笑みに
わたしが微笑みかえすとき
ひとつの宇宙を抱えたきみの
地球がまわる

きみちゃんの湖

I

二十年後の手紙

澄みわたった川の底に
せせらぎが
遠い時間をころがしてくる
二十年前の月日のすがたで
岩のすき間
石の上
ときに渦をまき

来る日も来る日も

明日は誰に手わたそうかと
声を失ったきみが書きつづけた手紙

陽が燃える水面に
鳥たちは翼をおろし
光と影を啄んでいる

最後になるとは思いもしなかった
ベッドサイドの授業
学校の話を聞きたいと
幾重にも折りたたまれた小さな手紙を
きみは　横たえた眼差しにのせて
差しだした

――み　ん　な　に　会　い　た　い

十八で逝ったきみが
かすかに息づいていた力を
指さきにこめて
すがりついた一本の鉛筆
夜空を星たちがめぐるたび
黒い芯を滑らせた
崩れて　薄い　文字の流れ

記憶がたどりつく川の縁に
一画一画の線はにじみでて
岩のすき間
石の上

ときに渦をまき

サキよ
きみの胸をいき来した
風の音が聞こえる

こうちゃんの宝箱

「たっくんはね　うるさいんだ」
こうちゃんは鼻を鳴らして　ケラケラ笑う
足早に廊下を歩く
伸びきらない膝を震わせ
「明日はね
僕が車いすを押してあげるんだよ
ねえ　先生　いいでしょ」
と　大好きな
クラスメートのことを気にかける

こうちゃんの
小さな胸のなかで鳴っている　宝箱

下駄箱の前で
つるりと滑り　尻餅をついた
こうちゃんは顔をあげ
日常からふと転げでた
サイコロの目に驚いて　照れて笑う
「歩けないんだからね　たっくんは
僕が押してあげないと　いけないんだ」
ジャージのズボンから
くしゃくしゃのハンカチを取りだして
大きな音で鼻をかむ
はいつくばり　立ちあがり

天秤のようにバランスをとる足もとを
抗いつづけたリハビリの
長い影が支えている

帰りのスクールバスにまにあうように
腕を大きく振るたびに
こうちゃんの胸の　宝箱のすき間から
薄い氷の上をさまよった
か細い産声が漏れてくる
ふさふさと黒い髪に覆われた
度重なる手術の痕は
瞳の奥に刻まれた径をたどり
遠い日々の
眠れない夜につながっている

バスターミナルで
介助員さんが呼んでいる
こうちゃんは
高く晴れわたった空へ
人差し指を突きだす
分厚い眼鏡のむこうから
「たっくんと　明日も一緒だよ」
と　こぼれる笑顔で
陽のおどる広場へと歩みだす

水の上の煌めき

久しぶりのプールで
先生にしがみついている
たっくんの力こぶ

怖いのか　楽しいのか
いたずら好きな眼の
その光の底に
積み重ねられたことば
ささやかな響きさえ

まとうこともできずに

薄い手のひらで
あいさつ代わりに
ぺたぺた
鏡のような水面をたたき
抱えられ
浮き輪のなかへ
じゃぶぅぅぅぅん
たっくんは思わず目をつむる

ひとりになって
揺れる波を
いぶかしげに見つめている

ひそめた眉の下の
つづら折りの小径をぬけて
やがて　水面に小さな膝頭
少し離れて
突きでた足の
指にからんだ浮き輪の紐

川岸から覗きこむように
背中をまるくして
たっくんは呼吸をととのえる
くの字に曲がった腕の
抗う力を
息吐くごとになだめて

外へ外へと
伸ばされていく手が
今にも紐に触れようとする

せせらぎ

窓枠に縁どられた雨にぬれて
咲いている
あじさいの花

――たっくん

先生には
たっくんの
トイレのサインがわからない

車いすから便座にすわり
背なかを支えられ
たっくんは待っている
見え隠れする自分のことばに
耳を澄まし
哀しげな顔をする

からだのなかに向かって呼びかけるように
こたえる声がにじみ出てくるように
たっくんは先生の眼差しをこえて
じっと宙を見つめている

やわらかなからだが

深海で
蠢いている

不意に　水の弾ける音
ぐらっと動いて押しだされる飛沫（しぶき）

たっくんの眼が得意げに先生を見て
右を向き
またちらっと見て
左を向いた

たっくんのせせらぎが
聞こえている

たっくんは見えない手に引かれ
車いすのなかで
唸った

ある晴れた日の散歩道
声ひとつを杖にして
昏い発作の波が
たっくんを侵したのだ

五秒　十秒

秒針の重いひびき
歯を食いしばり
青ざめていく顔
ころがる鼓動を
陽の光に差しだすきみの
瞳に宿る影法師
いのちの谷をいく
その姿が揺れている

十五秒　二十秒

ほら　そこに
きみの影が落ちている
きみがきみをつなぎとめる闘いの
しるしのように
点々と

たっくん！
たっくん！

ひき潮のように
少しずつ遠ざかる波
軽やかに歩みはじめる秒針
車輪を軋ませて
きみの背骨が　ゆっくり伸びをする

うっすらと色づいた唇が

暗幕を引かれた教室の
ブラックライトの
青い波
ペープサートの二匹の仔猫が
蛍光塗料を着かざって
降りそそぐ星の下で
踊っている

感覚と名づけられた授業の

ひかりの渚
きみの押しだまった瞳
視覚、聴覚、触覚の
しぶきをあげる水面に
無音のことばが立ちのぼり
空からの
果てしないレールの上を
真っさかさまに降りてきた風のように
きみのからだのなかで暴れだす

きみは力を閉じこめた迷い人
両手を泳がせ
笛のように鳴る喉の暗がりに
母音のひびきをそっと置く

世界を抱きしめようとする
産声にも似て
きみのうっすらと色づいた唇が
ことばの葉脈に
口づけをする

静かによせてくる
きみからのひとすじの径(みち)が
ほのかに光りだす

＊ペープサート……「Paper Puppet Theater」の略。表裏に人物などを描いた紙に棒を付けて動かす人形劇のこと。

鼻からチューブを外した日
窓の空にとけている
スプーンの縁の
白湯のふくらみ
あてがわれた唇に
雪崩れ
滲みいり
舌でからみとられ

気道と交差する
その一瞬(とき)を待ちわびる
あとひと息の距離
みつるくんの
溺れそうな口

目覚めの瞬きは
いつ　訪れるのだろう
病床でむせる老いた人が
食にいどみ
母の胸にすがる嬰児(みどりご)が
初めて乳をすう
幾百万年も
継がれてきたヒトのからだの

流れの底から

かたく閉じられた
真一文字の唇が
みつるくんの
揺れる眼差しを静めて

突然　喉仏があがって
竜が空を翔ける
喉の奥の　翼のひびきを
みつるくんは驚いたように
抱きしめる

くるっと回すスプーンから

食堂の窓辺でたわむれる
風と光が
薄いレースのカーテンを揺らしている
さとみさんの宙に浮いた手の下で
移ろいまどう影
ぎこちなく握られたスプーンから
シチューをまとう野菜が
ポロポロ
介助皿にこぼれて

――口もと　ふいてね
向かいあう先生にいわれ
うっ　と声をつまらせ
さとみさんは真っ白なナフキンでぬぐう

摂食の手順を
からだのなかにとりこむ長い道のり
掬いやすいようにねじられたスプーンで
幾度も掬いなおし
定規で距離を測るように
唇の上に持っていく
くるっと回すスプーンから
落ちてくる世界

やわらかな自立のかたちが
得意満面に
咀嚼する口のなかで広がっていく
すぐにナフキンで
ぐいぐいふいて
さとみさんはスプーンを握りなおす

――えらい　自分で気がついたね
うなずく先生の眼に
うん　うん　と
空(から)のスプーンに珠(たま)のような光をのせて
さとみさんは
ふくらんだ頬を一つ叩く

あっくん！

広間の円椅子に
あっくんは　ひとりぽつんと座り
メダカのような指さきで
おなかの小さな口を探っている
点滴台の上から
いのちの細い管が垂れてきて
ナースさんの白い手を
あっくんの眼が
眩しそうに見あげている

女の子たちが
おままごとをはじめた
お母さんになって
足もとに落ちている望みを
一つひとつ拾いあげている
じっと動けないあっくんの
お父さんになった眼が
遠くから手を添えている

お兄たん！
あっくん！
病室から
涙のはりついた声がとんでくる

目覚めたばかりのしんちゃんが
波になって
ベッドの柵を揺らしている
眠っている間に
しんちゃんのお母さんは帰っていった
あっくんの眼が
なんどもなんども　瞬いている

ガラス張りの
ナースステーション
あっちにも　こっちにも
蝶の翅のように
羽ばたいているピンクのキャップ
あっくんの瞳が

虫捕り網になって追いかける
鳩時計が三時の声で鳴いた
もうすぐ一日の勉強を終えて
大きいお兄さんやお姉さんたちの車いすが
川になって戻ってくる
待ちきれないあっくんの眼が
廊下のさきへ走りだす

点滴筒のなかで
震えている滴
速く落ちろ
速く落ちろ
次にすることを考えて

あっくんは睨んでいる
眉根をよせて　睨んでいる

ゆっくり落ちてくる静けさの

いくよ、じゅんくん
いいよ、やっちゃん
鈴の音が
向かいあう車いすの間を
いったりきたりする

じゅんくんは
二人には見えない
風船に潜んだ小さな影に

耳を澄ましている
プリズムを透過する光のように
彩りを変えていくひびきが
やっちゃんの弾む気持ちをのせて
じゅんくんの空に降りてくる

差しだされた腕のなかへ
風船のやわらかな曲線は落ちて
膝の上ではねる鈴
手のひらで
押せばかえすむこうに
ささやかれる声を聴く

じゅんくんは胸をそらし

目の前に浮かした風船を
人差し指でツンと突いた
生まれたばかりの風を足場に
鈴は笑いながら
くるくる舞いあがる

やがて
ゆっくり落ちてくる静けさの
どこから
鈴の音が飛びだすか
やっちゃんが
手のひらを空に向けて
待っている

II

軋むシャフトを突きたてて

しょうくんは
朝　霧のなかで目覚めると
まず歩くことを考える
足首をまわし　太ももを叩き
一本のロフストランドクラッチを
肘の下で固定して
霧のなかからぬっと
歩きだす

クラッチにからだを預けるたび
傾く肩に陽炎は燃えて
保護帽の下から滴る汗が
風のようにシャツを濡らす
歩む足もとに生まれでる問いかけを
裏返してみたり
なぞってみたり

ときには雨が
合羽の上を無数の音になって流れ
暗い側溝が口を開けて
クラッチの尖を待っている
不意に
しょうくんの姿が

しょうくんの高さから消えるとき
歩むことが生きることであるかのように
しょうくんはまた
立ちあがる

ごつごつと鳴る路面に
軋むシャフトを突きたてて
地球の胸を打つ
すり減った先ゴムが
しょうくんがしょうくんであることを
告げている

友たちの向かう学校へ
しょうくんの影が近づいてくる

いつかきっとしょうくんが拓く
その世界につながる道を
三点歩行のリズムが
越えてくる

*ロフストランドクラッチ……腕に装着して使用する、片手用の杖。

ニンニクのにおい　玉葱のなみだ

洗いたての日差しが
調理室に落ちて
家庭科の授業につどう生徒たちの
背なかのむこうから
一人ふてくされたように
重い足どりで現れる
ポケットにしまわれた
冷たい拳と
病みつかれた心音に

震えながら
さとしくんは　掠れた声でいうのだ
――カレーだよ　先生　カレー
背伸びする微笑みが
鼓動の揺れる轍を　辿りはじめる
言葉数少ない
さとしくんの代わりに
俎板はコトコト呟き
スライスされていく
ニンニクの碧い光が
透けた指さきに灯る
さとしくんの耳は
刻まれていく玉葱の
失われていく声を聴いている

小さな星のような場所から
触れようとしてくるもの
慈しみ　積みあげて
やわらかな手で
手繰りよせる
胸に立つ
ニンニクのにおい
眼に渦巻く
玉葱のなみだ
呼びかけ
呼びかけられて
さとしくんの
星のかけらが　手をつなぐ

きみちゃんの湖

学年はじめの日
きみちゃんは桜のアーチをくぐり
昇降口の
いつもとは違う下駄箱のまえで
履きなれない靴を脱ぎすてる

二階から床のきしむ音がして
知らない顔の教室が呼んでいる
進級したはずなのに

きみちゃんは階段をあがらない
たくさんの花が一度に咲いたから
きみちゃんは眼を瞬かせ
仲間のいなくなった
いつもの教室で
ひとり　天井を見つめている
お尻の馴染んだ椅子の縁を
ぎゅっとつかみ
裸足のまま
耳をすまして

きみちゃんの鼓膜の底に
広がった湖
新しい意味を帯びた花びらが

ひとひら落ちて
小さな　小さな波紋が生まれ

次の日
きみちゃんは
いつもの教室から走りでて
裸足で階段を一段あがる
水面に貼りついた花びら
揺れながら
ゆっくり　ゆっくり　沈んでいく

また次の日
二段目に立って
忍び足でそっと湖を揺らしてみる

別の花びらが舞いおりて
前よりも
少し大きな波紋をきざみ

桜が散りはて
きみちゃんの手が浸された水底に
絨毯のように
花びらが敷きつめられたころ
きみちゃんは
思いきり
階段をかけあがる

光の粒のような

食堂の入口の
ホワイトボードのひらがなとカタカナを
はるおくんの指さきが
くりかえし
くりかえし
なぞっている
くねくね曲がりくねった文字の面のどこに
生まれついた音が潜んでいるのか
瞳を凝らすはるおくんの

乾ききった喉は
あ、でもなく
う、でもなく

はるおくんの前を
どれだけの時間が過ぎさったことだろう
やがて　糸がよられていくように
指さきから
ぽつん
ぽつんと
あふれ出す泉
「や！」
「き！」
文字にかたどられた

音の器が激しく揺れている
「そ、ば！」
戸惑いながら導かれていく
はるおくんの唇
「サ！」「ラ！」「ダ！」
「ぎゅ、う、にゅ、う！」
文字の奥に隠れていくひびきを
あわてて捉えて

ホームルームの朝の集いで
みんなに知らせる
今日のメニュー
や　き　そ　ば
サ　ラ　ダ

ぎゅ　う　にゅ　う

光の粒のような声をはるおくんは口のなかで転がしている

ひろとくんの手帳

不意に　遠のいていく
足もとの記憶
置き去りにされたひろとくんの
砂漠をさまよう
風のような手が
教室の壁を打ちはじめる

――大丈夫、ひろとくんはここにいる
先生が必死につかんだ

ひろとくんの拳

開かれていく手のなかの
皺くちゃになった
小さな手帳
くすんだ表紙の陰に
ひろとくんが記した名まえが
並んでいる

震える手で
めくるページ
濃い鉛筆で書かれた「ひろと」
五ミリ下に
大きな字の「けんた」が

また五ミリ離れて
恥ずかしそうに俯く「ひろみ」がいる
「さくら」「ゆうと」「あおい」
傾いたり
かすれたり

初めて見る顔たちが
黒板の前から呼んでいる
ひろと、ひろと、ひろと！
集いくる声のひとつを拾い
聞きなれた響きをたぐり寄せる
手を振っているのは　けんた？
その横から　微笑みかけてくる顔が
ひろみの顔になる

さくら、ゆうと、
息を凝らして見つめてくる　あおい？

自分が消えた暗い溝
抜けでようとして
壁を背に
ひろとくんは呟いている
けんた、ひろみ、
さくら、ゆうと、あおい

さち子の手のなかの　ちっぽけな赤い耳栓

さち子の赤い耳栓
じっとりしめった手のなかで
出番を待ちながら
鍵をかけられたようにしまわれている

なぜなのだろう
母さんに買い物を頼まれて
たどりついたスーパーマーケットの
自動扉のまえで

長い間佇んだままの
さち子の動悸が
ちっぽけな赤い耳栓を
黙らせている

突然　どこかのおじさんが
鳥のように
さち子のまえを横切った
一瞬のうちに開いた扉
群れたつ声と　うごめく足音と
鳴りひびくレジの　硬貨の悲鳴が
土砂降りのように
さち子を襲うのだ

なぜなのだろう
あと一つの勇気を差しだせない
さち子の手のなかの
ちっぽけな赤い耳栓

そこに　踊るような小さな靴で
駆けてきた幼い子ども
陽が腰かけていた買い物カゴを腕にかけ
ぱっと咲いた微笑みを
さち子の瞳に投げいれる
と　次の瞬間
ざわめく音の波間へ
飛びこんでいった

さち子の柔らかな耳に
赤い耳栓は
しっとりと受けいれられる
透明な扉のむこうの
どこにも影の見えない床のうえに
さち子は息をつめ
自分の姿を　なぞりつづける

踊る！

陽に炙（あぶ）られたグラウンドの
運動会の騒めきと
閉じこもった教室の
棄てられた静けさと

首を伸ばせば窓のそと
校舎の影のむこうに
指さきまでそろえた友たちの
一色（ひといろ）のダンス

熱い砂地に刻まれていく
集団のリズム

歓声のなかから
逃げるように
一人分の静けさを持ちだして
誰もいない教室の
冷たい床のうえで
まさとくんの
俯くからだが揺れている

窓ガラスを叩いてくる遠い波形
リズミカルな音符の群れに
手と足が呼応して

今生まれでる動線

悔しくて涙目の
二つに裂かれたからだが
色とりどりのステップを
夢のように散りばめて
まさとくんの
ひとりのステージが
弾みだす

時間（とき）のはざまを震わせて

サキが見つめている
十二歳の
まだらな空
遠く離されて
友たちの影を探している

卒業マラソンの行く手に
埋もれた答えがあるのか
揺らぐ足に付きそいつづける

小さな足音

サキの手のひらのうえで
身を隠していく蛍

昨日までできていた
ささやかなこと
鍵盤のひとつを
撫でるように
沈ませる指
かすれて
口ずさむ声
ぬいぐるみを
抱きよせる胸

机にそっと
頬杖をつく手

昏い雲は流れ
いのちの尾根をわたる風が
時間（とき）のはざまを
震わせる

卒業したら
自分の道をいく
雲間に覗いた
青い窓に
サキの鼓動が告げている

Ⅲ

先生　わたしね

固く握った
コントロールレバーから手を離す
車いすに乗りつづけたからだに
はりついていた約束ごと
一つひとつ剥ぎとって
教室のかたすみの
絨毯のうえで横になる
――わたし
劇の発表　頑張れてよかった

終わったばかりの文化祭のステージで
電動車いすを乗りまわした風が
今も　彼女のなかで
小さな渦を巻いている

――先生　わたしね
いつか
いい人と　めぐりあえるかな
その人
どんな人だろう

傾きはじめた陽が
赤く色づいた葉に燃えて
桜の枝ごしに窓を覗きこむ

教室の白い壁に
揺れる木もれ日
一輪の花が咲いている

始業チャイム

すっと切り裂く刃が
忍びこんだ校舎の陰で
ユミはひとり蹲っている
ほんのちょっと注意されて
昏く裏返った空
たどりついた草地の
足もとの葉を
一葉一葉　千切りつづける

その先生が男の先生だったから
降りてきた言葉の
低い声音が
記憶の底からにじみでた血のように
父と呼ばれていた人のものになる

投げだされたままの
ロフストランドクラッチ
散り散りの葉に埋もれていく
十五のユミの
装具をまとう足
震える母の胸に
すがりついていった幼い声

空の淵で揺れている
水色の紗幕へ
透けて消えていく
始業チャイムの音
見あげるユミの青い網膜を
過去と未来に分けて

織りこまれた日常の
深い襞を
露に濡れた指で
そっと　広げてみる

クラスメートたちの呼ぶ声

クラッチに触れたユミの手に
陽は流れ
千切れた葉のうえで
輪郭をつくりはじめた影が立ちあがる

挑む指

分厚い手袋のなかでもがくような手と
喉もとに蹲ったままのことばを抱え
友たちのあとから入る
初めての実習室
ひき寄せた作業板の
一列に刻まれた
小さな　六角形のくぼみに
きみがきみのすべての重さをかけて
押しこむボルトの頭

指さきですくったワッシャーを
逆立ちする軸にはめ
中指と人差し指ではさんだナット
そっと　その頂きに置く
指の腹で水平に
息を殺して
ゆっくり回し
ひと息ついて
また回し
うかがうような顔をして
また回す
きみの集中力が回転する
はりつめた現実が少しずつ穿（うが）たれ
ボルトのネジ山が

きみの高鳴る胸のように
ナットの上に現れたとき
きみはからだをのけ反らし
雄叫びをあげた
きみを照らす光　陰ることのないように
きみは働く呼吸を身にまとう
指の腹で水平に
息を殺し
またゆっくりと

電動車いすをスーツ代わりに

車いすがやっと通れる
まっすぐな道
フットレストに固定されたコントロールレバーを
足の指でつかみ
リッツはリッツを拒絶する路面の
気まぐれな傾きに瞳を凝らす
字を書きもする足は
微細な動きをして
蛇行することがない

いつのまにか道の両側で
蛇が鎌首をもたげている
光の窪み
深く落ちていく段差
リツは首筋を咬まれたようにハッとして
鍛えられた指を離す
コントロールレバーとの狭間に
消えていく電動の唸り
静まりかえった車いすのなかで
リツのからだが震えている
胸にかたく折りたたまれた風は
湿り気を帯び
リツの顔が照れかくしに笑う

手動に変えられ
押されていくリッツと車いす
ひとりだったら　どうしたか
したたかな眼と指が
すべてをからだに刻みこむ
卒業すれば
電動車いすをスーツ代わりに
颯爽と街へと出ていく
リッツの眼が
その道を　見すえている

足のうらから突きあげてくるもの

エレベーターのない天守閣
まだ見たことのない空への
黒光りする階段
きみはアルミフレームの車いすから
刀傷の残る手すりにしがみつく
そそり立つ段差の連続を
脱力しかけては
押しかえす　きみの足

下に残っていればいい
と　根を喰らう地虫が
擦りへった踏板のうえでまとわりつき
蹴上げのむこうから
なぜ　と問いただす矢が
眉間めがけて飛んでくる
武者顔になったきみ
震える足の　いきり立つ勢いで
一段　一段
見いだされていく意味を積みあげる

望楼でかまえる
厳めしい甲冑のまえで
友たちの運んだ車いすが待っている

骨のせめぎあう体から
伸ばされていく手が
歓声のなかにもぐりこむとき
きみは古（いにしえ）の空に立つ
ゆらりと廻り縁に歩みでて
地平となった街なみが
青い光を堰きとめているのを見る
積みあげた階段がささえる高みから
はるかかなたの押しあう海に
オーッ　と呼びかけて
足のうらから突きあげてくるものに
確かなかたちを与える

ムーンリバーをわたる

汗ばむ手で握りしめたトランペット
静まりかえった講堂に
ゆるやかに流れる
ムーンリバー
一人スポットライトを浴びた
車いすの青年が
日ごと損なわれていく力をひきよせて
面皰（にきび）一つの頬を膨らます

ピストンバルブを押す指と
マウスピースにあてがわれた唇で
挑む
ながい吐息

つややかに起伏するひびきに
包まれた
遠い日の声たち

かたちづくられていく儚さを
遠ざけようとして
車いすを拒んだ小学生のきみの
行き場のない怒りを

胸の暗がりに
押しこめようとした中学生のきみの

重くなっていくトランペット
傾いでいくからだで
誇らしげに
掲げる

灯を
ともせ
ムーンリバー

同じ高校生たちの日常を震わせて
せいじくんは　その川をわたってみせた

車いすから便座へと
ひでくんを持ちあげる三人の手
ありがとうございます
真剣な顔をして
ひでくん
座った体を支えられ
臭いかも　と恥ずかしそうに
そんなこと
といわれて　また

ありがとうございます
と自分からくりかえす

陽の光の満ちた休日
外出しよう　と家族に誘われても
ひでくんは家に閉じこもる
スクールバスで　毎朝
長い距離をまたぐように
登校してきたきみ
指さきが触れる何ミリかの世界が
電動車いすにのれば
自由にそとへ開かれていく
バラの花の咲くような
休日の外出

それなのに
どうして

ずっとあとで
私たちにもたらされた
ひでくんの　家に閉じこもることの意味
ひとりで　じっと家族の帰りを待っている
秒針の歩む音とひびきあう
ひでくんの鼓動
そのひとときが　きっと
家族の息抜きになる
幾夜となく　眠れない目で
闇のむこうを見つめていたひでくんの
たどり着いた

命のかたち

ありがとうございます
しなやかに息づくことばが
密かになぞりつづけた思いの跡
あたらしい芽を継ぐように
こちらこそ
ということばが
ひでくんのいない教室の
陽だまりのなかで揺れている

卒業式

幾重にも重ねられていく
木洩れ日のように
――楽しかったクラブ活動　ボーリング部！
繋いだ
卒業生のことばの
最後のバトン

高い山を越えるように
自分にできるようになったこと
そのひとつを胸に
あきらくんは
車いすをこいで前にでる

在校生と向きあう卒業生の足もとから
伸びていく
見えないレーン
床に置かれた投球台の
スロープの頂きで
身を硬くしているボール
同じ高さの車いすから
宙を探るように近づいていく

あきらくんの寡黙な手が
やわらかな指さきで
囁いたのだ

まっすぐに　まっすぐに

熟した実のように
一押しされて
十八年の歳月が
転がりだす
ごろ
ごろごろ
ごろろろろろろろ

みつえさんも
かずやくんも
こういちくんも
さちこさんも
ぴんと張りつめた肩を並べて
遠く狙いを定める

ごろろろろろろろ

育まれていく
自立の径が
ずっと向こうへとつづいている

蹴とばしたい

バスやトラックも通りすぎる路の片すみに
押しやられた歩道
かずやくんの車いすの
モーター音が
静かに響いている
一日の仕事に向かう
真新しいネクタイを煌めかせ
操作レバーを前に倒して

ひび割れた路面に咲く小さな花
塵を舞いあげて吹く風
黒い電線が鳴る
鳥たちのいない空

かずやくんは思わず
レバーから手を離す
一本の白線に守られた
人一人通れるほどの空間を
太い円柱が
串刺しにしている

誰が建てたのか
座位から見あげる

空を突く柱
できることなら蹴とばしたい

行きから走行音の只中で
不安にかられていく眼
円柱の陰から
白線を越える一瞬を
じっとうかがっている
ひそやかに喘ぐ動力
車軸につなぎかけてはためらう
操作レバー
冷たい柱が続いている

目次

あとがき

このささやかな詩集を、かつて教員として私が幸いにも寄りそうことができた子どもたちに捧げる。

時を経て思い出のなかで、子どもたちの姿は多少なりとも変わってしまっているだろう。だが、私が描いた彼ら一人ひとりの想いは、出会いのときから今日まで私のなかで変わることなく生き続けている。

これらの詩篇が、障がいと向きあう子どもたちの意思と煌めくような日々の営みを表していることを、そして人間の多様な在り方を支持する一助となることを、私は切に願う。

なお、作品中に用いられた名前はすべて仮名であり、二十八篇中十二篇は筆名大城定で詩誌「タンブルウィード」に掲載した作品であることを、ここに記しておく。

二〇一九年初夏　　著者

多田陽一◎ただ よういち
一九五五年生れ。神奈川県伊勢原市出身。高校教育を経て、長らく特別支援教育に携わる。
詩誌「タンブルウィード」同人。dandelion15@ab.auone-net.jp

きみちゃんの湖（みずうみ）
発行日＝二〇一九年七月十五日
著者＝多田陽一　発行者＝春日洋一郎
発行所＝書肆 子午線
〒一六二―〇〇五五 東京都新宿区余丁町八―二七―四〇四
電話 〇三―六二七三―一九四一　ＦＡＸ 〇三―六六八四―四〇四〇　メール info@shoshi-shigosen.co.jp
印刷・製本＝渋谷文泉閣